牛安安讲电力安全丛书

中小学生安全用电45条画册

《牛安安讲电力安全》编写组 编

王存华 顾子琛 绘

中国电力出版社
CHINA ELECTRIC POWER PRESS

图书在版编目（CIP）数据

中小学生安全用电 45 条画册 / 《牛安安讲电力安全》编写组编；
王存华，顾子琛绘. -- 北京：中国电力出版社，2025. 5（2025.6重印）.
-- （牛安安讲电力安全丛书). -- ISBN 978-7-5239-0077-2

Ⅰ. TM92-64

中国国家版本馆 CIP 数据核字第 2025DH4447 号

出版发行：中国电力出版社		印　刷：三河市航远印刷有限公司
地　　址：北京市东城区北京站西街 19 号		版　次：2025 年 5 月第一版
（邮政编码 100005）		印　次：2025 年 6 月北京第二次印刷
网　　址：http://www.cepp.sgcc.com.cn		开　本：880 毫米 ×1230 毫米　48 开本
责任编辑：马淑范（010-63412397）		印　张：2
责任校对：黄　蓓　朱丽芳　于　维		字　数：47 千字
装帧设计：赵姗姗		定　价：19.80 元
责任印制：杨晓东		

前言

　　五千年农耕文明孕育的"牛"图腾，是躬耕陇亩的勤勉、力量化身，更是追求卓越、努力超越的精神符号。当传统文化的基因流入现代电网安全体系，"牛安安"这个头戴安全帽、身着电力工装的安全卫士，正以萌趣十足又不失专业质量的形象，构建起新时代安全教育的超级符号。这个从国家电网有限公司第二届职工文创大赛中脱颖而出的 IP，伴随着短视频、表情包、桌游、积木、书签、冰箱贴、帆布包等系列文创的广泛传播，牛安安的形象正慢慢走进电力职工的心中。

在视觉传播占据认知高地的今天，《牛安安讲电力安全丛书》以画册的形式应运而生，丛书具有鲜明的特色。

一是沉浸式阅读体验：原创插画＋韵律童谣＋知识卡片三位一体。

二是全场景安全覆盖：内容涵盖消防安全、电力设施保护、生产安全规范及居民用电安全等电网企业核心领域。

三是跨界表达创新：清新国漫画风＋通俗化文本＋互动化设计。

《牛安安讲电力安全丛书》突破传统宣教模式，适配电网企业安全培训、安全生产月、校园安全教育等多场景应用，实现"从学龄儿童到产业工人"的全年龄段覆盖。用文化IP重塑安全教育，让每个生命都与安全美好相遇。

牛安安小传

牛安安：电网公司一名安全管理人员，牛安安努力、严谨，对生活充满热情。

安全用电进校园

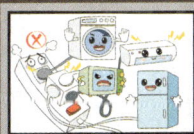

一个接线板上不要插太多电器！

牛安安

安全课

学校要通过安全讲座、宣传栏、宣传海报等多种方式，向学生普及安全用电知识。

牛言牛语

开心快乐每一天~

2. 多媒体　有故障　及时报告莫慌张

牛安安

安全课

发现教室多媒体设备发生故障时（如冒烟、火花、异味）要及时报告老师，千万不要自己动手维修。

牛言牛语

向所有的烦恼说拜拜~

3. 大扫除　要当心　断开电源再除尘

牛安安
安全课

在教室大扫除的时候，一定要先断开教室内电器设备电源，带电擦拭容易引发触电事故。

牛言牛语

春风十里，只为见你。

4. 实验室 仪器多 保持警惕守规则

牛安安

安全课

在实验室使用带电仪器、设备时，应严格遵守老师的指导和实验规则。化学实验室内，因有各类易燃、易爆、易腐化学品，因此要选择防爆电器设备。

牛言牛语

加油

满怀希望就会所向披靡

5. 进校园 要注意 绝不私自用电器

在宿舍要避免长时间充电哦

牛安安

安全课

不私自携带电热水壶、电暖器等电器进入校园。手机、平板等设备充电时，不要使用。充满电后要及时断开电源。

牛言牛语

向坏习惯说 "NO"

6. 电线下　莫植树　树枝碰线出事故

牛安安

安全课

植树利国利民，但千万不要在电力线路附近植树，小树长大后枝叶会碰触电力线，容易造成接地、短路等事故，还会伤及人身安全。

11

牛言牛语

开心快乐每一天~

7. 晃拉线 爬电杆 这种错事不要干

牛安安

安全课

千万不要攀爬电力杆塔、电力设备，也不要摇晃电杆拉线，这些行为容易造成触电、摔伤等伤害。

牛言牛语

向所有的烦恼说拜拜~

8. 小小鸟　落电线　不投石子不投弹

不要向电力线路等设施抛掷物体。这样不仅危害电力线路设施的安全，还可能导致人身触电事故。

牛言牛语

春风十里，只为见你。

高压危险
闲人止步

牛安安

安全课

在放风筝、玩航模或其他飞行器时，一定要查看附近是否有电力线路，尽量选择空旷场所。

牛言牛语

加油

满怀希望就会所向披靡

10. 塔基旁　莫取土　重心失衡易倾覆

牛安安

安全课

在电力线路杆塔附近挖沙取土，容易导致杆塔杆基不稳，出现杆塔倾倒现象，造成供电中断。

牛言牛语

向坏习惯说 "NO"

牛安安

安全课

鱼竿、鱼线绝缘性能差，千万不要在高压线下面钓鱼，鱼竿碰到电力线会引发触电事故，危及生命安全。

牛言牛语

开心快乐每一天~

12. 倒了杆　断了线　8 米以外才安全

电力线路断落时，千万不要靠近，要与电线落地点保持至少 8 米的距离，并立刻报警。千万不要靠近或者挪动电线。

牛言牛语

向所有的烦恼说拜拜~

13. 电线下 莫烧荒 引发火灾法必究

烧荒不仅导致污染环境，危害人体健康，更重要的是火焰和高温可能点燃电线绝缘层，导致短路或火灾，并导致触电危险。

25

牛言牛语

春风十里，只为见你。

牛安安

安全课

电力铁塔、输电线路、变电设备挂有不同颜色、不同形状金属牌，这就是电力安全标志牌，与交通安全提示牌一样，一定不要在标识上胡乱涂画。

牛言牛语

加油

满怀希望就会所向披靡

快下去！危险

牛安安

安全课

不要擅自进入发电厂、变电站内，这样做不仅扰乱生产和工作秩序，而且还有触电的危险。

牛言牛语

向坏习惯说 "NO"

牛安安

安全课

雷雨大风天气时出行，要远离电力设备。如在积水的路面行走，一定要左右查看是否有电线断落在积水中。如遇到这种情况要赶紧远离，并及时拨打供电服务热线 95598 报修。

牛言牛语

开心快乐每一天~

牛安安

安全课

电力设备运行时，提醒儿童一定不要靠近电线杆、变压器、配电箱等电力设施，以防发生触电危险。

牛言牛语

向所有的烦恼说拜拜~

18. 为省钱　私接线　违规操作有风险

任何人临时用电都要申请，不可私拉乱接。
严禁使用挂钩线、破股线、地爬线。

牛言牛语

春风十里，只为见你。

牛安安

安全课

燃放烟花爆竹，一定要远离电力线路、变压器等电力设备，以免发生触电伤害、引发火灾或造成设备故障。

牛言牛语

加油

满怀希望就会所向披靡

20. 电缆线　电缆沟　易燃物品莫堆就

牛安安

安全课

电力电缆线路保护区内，不能堆放易燃易爆物品，也不能倾倒酸、碱、盐及其他有害物品。

牛言牛语

向坏习惯说 "NO"

21. 景观灯　很美观　保持距离更安全

牛安安

安全课

外出游玩时，不要随意触碰景观灯，因为景观灯在运行中积聚了许多热量，若因好奇去触碰、掰折，很容易发生烫伤。一些景观灯有时会因外力破坏导致电线外露，有一定的漏电、触电风险。

牛言牛语

开心快乐每一天~

下有电缆
禁止触动

牛安安

安全课

不得涂改、移动、损坏、拔除电力设施建设的测量标注和标记。

牛言牛语

向所有的烦恼说拜拜~

大家一定要记得总开关的位置

中小学生安全用电知识读本

牛安安

安全课

家庭成员要知道总开关所在位置，万一出现短路、断路、电器失火等情况能够及时关闭总开关。

牛言牛语

春风十里，只为见你。

24. 外出时　要牢记　关窗断电闭燃气

牛安安

安全课

长期外出，一定要记得关窗户、切断电源、关闭燃气，以防出现安全事故。

47

牛言牛语

加油

满怀希望就会所向披靡

假冒伪劣电器产品质量差，安全标准低，用料粗糙。易发生因零件破损导致的人员触电事故。

牛言牛语

向坏习惯说"NO"

26. 用电器 设休眠 不仅节电还安全

牛安安

安全课

电脑、电视等家用电器短时不用时可设置休眠，既可省电，又能保护设备。但不可以因为设了休眠就长期不关机。

51

牛言牛语

开心快乐每一天~

牛安安

安全课

插座的插孔内带电，切不可用手或者导电物（如铁丝、钉子、别针等金属制品）去接触、探视电源插座内部，避免触电事故发生。

牛言牛语

向所有的烦恼说拜拜~

28.电饭锅 放高台 远离事故和伤害

牛安安

安全课

使用电饭锅、电蒸锅等电器时,不要好奇打开锅盖或者拔下插头,以免造成触电、烫伤等伤害。

牛言牛语

春风十里，只为见你。

运转中的洗衣机不要随意触摸，更不可把水淋在上面，万一漏电会造成人身伤害或损坏电器。

牛言牛语

加油

满怀希望就会所向披靡

30. 电热毯　能保暖　入睡之前关电源

牛安安

安全课

电热毯在使用时应该上床之前开启，上床入睡之前要及时关闭。另外，不要在软床上使用电热毯。因为软床容易让电热毯的电热丝在受力时弯折，甚至拉断。不仅容易发生漏电事故，还可能对人体造成伤害。

牛言牛语

向坏习惯说 "NO"

牛安安

安全课

使用电器时，应先接通电源，后合开关。擦拭电器时要先断开电源，以防触电事故发生。

牛言牛语

开心快乐每一天~

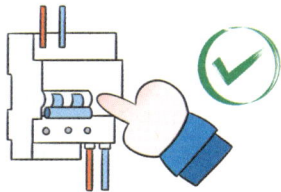

电器出现故障时，要先断开电源后，请专业电工帮忙维修，切不可自己带电拆装维修。

牛言牛语

向所有的烦恼说拜拜~

33. 电器具　着了火　千万不要用水泼

牛安安

安全课

当电器失火时，要先断开电源，并用专用灭火器或者干燥的沙子来灭火。不要用水灭火，因为水导电，易触电伤人。

牛言牛语

春风十里，只为见你。

34. 环境湿 莫碰电 干燥绝缘才安全

不可以

水是良好的导体，潮湿的环境会使电器外壳、电线绝缘性能下降，大大增加触电风险。因此，不要用湿手湿布触摸、擦拭电器外壳。

牛安安

安全课

牛言牛语

加油

满怀希望就会所向披靡

定期检查
防患未然

安全课 牛安安

家庭电线与电器定期检查可以及时发现并解决潜在的安全隐患。可检查电线外皮是否有破皮磨损，电器外观是否破损，内部是否有异物、潮湿等。

牛言牛语

向坏习惯说 "NO"

YES　NO

牛安安

安全课

插头插入插座要牢固结合要紧密，因为松动不仅多耗电，还可能损坏电器。拔插头时莫要拉拽电线，容易造成电线损伤，危及人身安全。

牛言牛语

开心快乐每一天~

37. 玩手机 莫充电 边玩边充有危险

牛安安
安全课

边充电边玩手机时，充电电流一部分给手机充电，一部分满足手机的正常使用。如果使用的是劣质充电器或手机器件已经老化，就可能导致漏电。此外，还容易造成手机温度快速升高，因此建议充电时尽量避免玩手机或进行通话。

牛言牛语

向所有的烦恼说拜拜~

牛安安

安全课

电暖器、电暖扇等取暖电器，在使用时机体温度很高，需远离窗帘、沙发等易燃物品，避免发生火灾。

牛言牛语

春风十里，只为见你。

39. 接线板 容量定 大功率电器莫共用

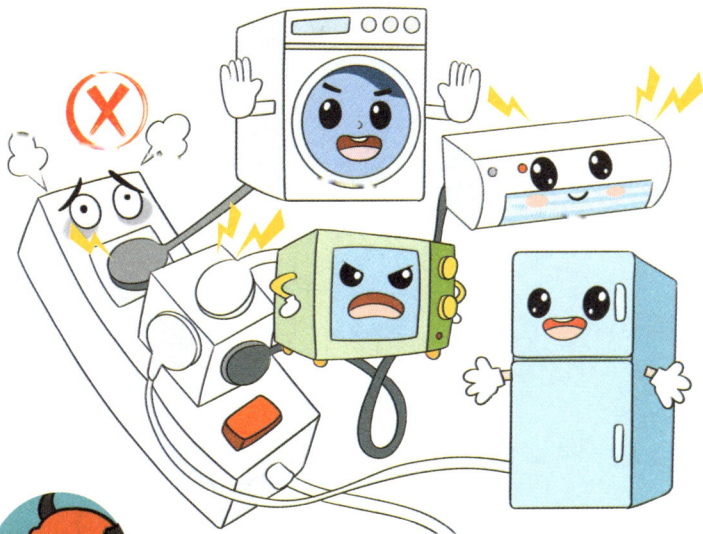

安全课

牛安安

大功率电器共用一个接线板时，不可超过接线板的额定容量，否则易造成接线板发热，绝缘层破坏，会烧坏接线板，引起火灾。

牛言牛语

加油

满怀希望就会所向披靡

牛安安

安全课

室外景观喷泉有漏电风险，不要靠近玩耍戏水，更不要在喷泉间来回穿梭，以防发生触电事故。

牛言牛语

向坏习惯说 "NO"

41. 金属壳　起静电　三孔插座更安全

用电小常识

中性线　相线

地线

牛安安

安全课

三孔插座中的地线能将电器外壳上的静电导入大地，防止人体接触带电设备外壳时发生触电。因此，对于有金属外壳的电器，必须使用带有接地线的三孔插座。

牛言牛语

开心快乐每一天~

42. 家电器 有寿命 使用年限要记清

牛安安

安全课

家用电器都有一定的使用年限，超出这个使用年限会有安全隐患。空调、电视机、洗衣机的使用寿命是 8 ~ 10 年，冰箱是 10 ~ 12 年，电热水器的使用年限是 8 年，微波炉的使用年限是 10 年。

牛言牛语

向所有的烦恼说拜拜~

43. 暖手宝 暖烘烘 安全使用好过冬

谢谢你们陪着我

赞!

牛安安
安全课

充电暖手宝在使用过程中要注意不要直接贴皮肤，以防烫伤，也不要在潮湿的环境中使用，以免发生短路或触电风险。另外给暖手宝充电时一定要确保有人在场，以便及时处理可能发生的异常情况。

牛言牛语

春风十里，只为见你。

牛安安

安全课

若发现有人触电，首先要设法断开电源，或者用干燥的木棍等绝缘物将触电者与带电的电器分开，千万不要用手直接救人。其次，是保持冷静，在确保自己安全的前提下，拨打110请求帮助，并告知触电情况和位置。

牛言牛语

加油

满怀希望就会所向披靡

不可以

当心

去做吧

跟我来

牛安安

安全课

遇到**禁止警示牌**，不论图中画些啥，切记遵守不能干。遇到**警告警示牌**，小心谨慎看仔细，危险就在你附近。遇到**指令警示牌**，命令就在里面藏，遵守照做不走样，安全守护在身旁。遇到**提示警示牌**，突发事件不要慌，看清提示它帮忙。

牛言牛语

向坏习惯说"NO"